Bibliografische Information der Deutschen Nationalbibliothek:

Die Deutsche Bibliothek verzeichnet diese Publikation in der Deutschen National-bibliografie; detaillierte bibliografische Daten sind im Internet über http://dnb.d-nb.de/ abrufbar.

Impressum:

Copyright © 2013 GRIN Verlag, Open Publishing GmbH
Druck und Bindung: Books on Demand GmbH, Norderstedt Germany
ISBN: 978-3-668-14060-8

Dieses Buch bei GRIN:

http://www.grin.com/de/e-book/315373/viren-pilze-und-antibiotika-ueberblick-der-mikrobiologie

Henriette Bartusch

Viren, Pilze und Antibiotika. Überblick der Mikrobiologie

GRIN Verlag

Inhaltsverzeichnis

Mikrobiologie

1. Viren

<u>wichtigste Charakteristika Viren</u>

•Genom besteht aus DNS oder RNS (nie aus beiden Nukleinsäuren)
•besitzen keinen eigenen, von der Wirtszelle unabhängigen Metabolismus
•zur Reproduktion wird nur virale Nukleinsäure benötigt, die in der Wirtszelle dafür frei vorliegt
(Proteine des Capsids od. der Hülle werden dafür nicht benötigt)

<u>Viruskomponenten/Strukturelemente Viren</u>

•Nukleokapsid	= Nukleinsäure + Kapsid (= Proteinhülle)
•Kapsid (Coat, Shell)	= aus Kapsomeren aufgebaut
•Kapsomere	= aus Proteinuntereinheiten (einer oder mehreren) aufgebaut & besitzen Info zur Zusammenlagerung selbst → keine Helferproteine notwendig (self assembly)
•Hüllmembran (Hülle, Envelope)	= aus zellulärer Membran (Lipid bilyaer) in der virusspezifische Proteine eingelagert sind (meist Glykoproteine) eingelagert sind = nackte Viren (ohne Hülle, nonenveloped Viruses) = Viren mit Hülle (enveloped Viruses)
•Glykoproteine	

<u>Morphologische Gruppen der Viren</u>

•Capsid in helicaler Form	= Bsp. Tabakmosaikvirus = 16,5 Untereinheiten pro Windung = 2130 identische Untereinheiten von je 158 Aminosäuren je Capsid
•Capsid mit polyedrischer Struktur (Eikosaeder)	= effektivste Verpackungsform = einfachste Form: 20 Außenflächen; 3 Untereinheiten pro Fläche = 60 Untereinheiten = komplexere Formen: 180, 240 oder 420 Untereinheiten = Bsp. Retroviren
•zusammengesetzte Viren	= aus polyedrischem Kopf und helicalem Schwanz = Bsp. Bacteriophagen
•komplexe Viren	= Bsp. Pokenvirus = aus verschiedenen Komponenten zusammengesetzt

2

Virale oder virusähnliche Sonderformen

- Retrotransposonen   = evolutionär wahrscheinlich von Retroviren abgeleitete transponible
        Sequenzen
  = im Genom der Zellen von Pflanzen, Tieren, Wirbellosen, Protozoen und Pilzen
        = kodieren für reverse Transkriptase, Enzyme für die Replikation und
        Integration sowie für ein Capsid-Protein
        = synthestisierte RNS wird in Virus-like-Particles gemeinsam mit
        reverser Transkriptase verpackt
        = sind nicht infektiös
- Killer-Nukleinsäuren   = doppelsträngige RNS oder DNS
        = im Zytoplasma von Pilzen
        = kodieren für Killer-Toxine und Resistenzfaktoren sowie für Enzyme für
        ihre Replikation
        = werden nicht in Virus-like-Partivles verpackt
        = nicht infektiös
- Viroide   = ringförmige einzelsträngige RNS Moleküle in Pflanzenzellen
        = verursachen verschiedene Pflanzenkrankheiten

Virusgenom

- DNS oder RNS als Einzel- oder Doppelstrang
- ss RNS; ss DNS; ds RNS; ds DNS – ringförmig, linear, segmentiert
- Menge variiert sehr stark:
  - Viren mit Hülle: 1-2 % der Gesamtmasse
  - Nackte Viren: 25-5- % der Gesamtmasse
- Anzahl der Moleküle Nukleinsäure pro Capsid ist sehr unterschiedlich
  - viele Viren: 1 Molekül
  - Retroviren: 2 identische RNS Moleküle
  - Influenzaviren: 8 RNS Moleküle unterschiedlicher Größe
- unterschiedliche Mechanismen der Bildung der mRNS in Abhängigkeit von Art der vorliegenden Nukleinsäure

Virale Proteine (einzelne Teile von Viren werden separat synthestisiert)

- Frühe Proteine
  - Synthese sofort nach der Injektion bzw. der Freisetzung der Virus-Nukleinsäure
  - meist in geringen Mengen produziert
  - notwendige Proteine für Replikation und Transkription der viralen Nukleinsäure
- mittlere Proteine
  - sind in Replikation der viralen Nukleinsäure involviert (z.B. DNS-Gyrase)
  - meist in geringen Mengen produziert
  - Synthese erfolgt zeitgleich nachdem frühe Proteine hergestellt wurden
- späte Proteine
  - Synthese erfolgt spät im Zyklus

○ sind meist Strukturproteine (Coat, Envelope) → sogen für Bildung der Hülle
○ werden in größeren Mengen hergestellt

<u>Virale Enzyme und deren Funktion</u>

•einige Virions enthalten Enzyme, die erst nach Freisetzung in der Wirtszelle aktiv werden
•Enzyme:
○ Polymerase   → Synthese der mRNS
○ reverse Transkriptase (= Revertase)   → Synthese der DNS von der RNS
               → enthalten in Retroviren
○ Neuraminadasen   → Auflösen glykosidischer Bindungen zwischen
               Glykoproteinen und Glykolipiden in Geweben
               tierischer Zellen
○ Lysozym   → Auflösung der Zellwand des Wirtsbakteriums,
               wodurch Zelle lysiert und Bakteriophagen
               freigesetzt werden
               → enthalten in Bakteriophagen

<u>Virusvermehrung</u>

•Attachment = Absorption
○ Anlagerung des Virus an best. Strukturen (Rezeptoren) der Zelloberfläche
•Penetration = Injektion oder Endozytose des Virus
○ Injektion der Virusnukleinsäurein die Zelle bzw.
○ Aufnahme des gesamten Virus in die Zelle und Freisetzung der viralen Nukleinsäure
•Frühe Schritte der Replikation der viralen Nukleinsäure
○ Nutzung des Biosyntheseapparates des Wirts bei gleichzeitiger Umschaltung auf Bedürfnisse des Viruses
○ Synthese Virusspezifischer Enzyme (frühe Enzyme)
•Replikation der viralen Nukleinsäure
•Synthese der Proteinuntereinheiten für Virus-Kapsid und evtl. für Virushülle
•Zusammenlagerung der Nukleinsäure und der Proteinuntereinheiten zu neuen Viruspartikeln (evtl. Einbau der Membrankomponenten in Virushülle)
•Freisetzung der reifen Viruspartikel (häufig durch Lyse der Wirtszelle)

<u>Temperente Phagen</u>

•Virulente Phagen
○ sofortiger Beginn der Synthese neuer Phagen nach Injektion der Nukleinsäure
•Temperente Phagen
○ Infektion der Zelle ohne sofortigen Start der Synthese neuer Phagen (temperent = gemäßigt)
○ Phage liegt im nichtinfektiösen Zustand vor und wir bei der Zellteilung auf die Nachkommen vererbt (Prophage):
▪ Einbau ins Genom der Wirtszelle

▪ Ringförmig geschlossenes Plasmid
○ spontan erfolgt Vermehrung der Phagen und Freisetzung durch Lyse der Wirtszelle
(Lysogenie; lysogene Bakterien)
○ Phagen-Konversion: Immunität lysogener Bakterien gegen Zweitinfektion durch andere Phagen,
da Prophage Repressorprotein produziert

<u>Lytischer Zyklus</u>

• Freisetzung der Nachkommen durch Lyse der Wirtszelle (Tod der Zelle)
• Schritte:
○ Infektion
○ Aktivierung der frühen Gene des Virus → Einleitung der Zerstörung des Wirtsgenoms
○ Replikation des viruseigenen Genoms
○ Aktivierung der späten Gene → Synthese
○ Lyse der Wirtszelle

<u>Restriktion/Modifikation</u> (Virenabwehr)

• Restriktion:
○ intrazellulärer Abbau fremder DNS (z.B. Virus-DNS) mittels spezifischer Enzyme (restriktive
Endonukleasen = Restriktasen)
• Modifikation:
○ Modifizierung der zelleigenen DNS zum Schutz vor den Restriktasen mittels Methylierung oder
Glukosylierung

<u>Virale Schutzmechanismen</u>

• viruskodierte Hemmproteine gegen Restriktasen
• viruskodierte Modifikation der DNA
• Einbau von Nukleotiden mit unüblichen Basen in der DNA
• Koinjektion internaler Proteine mit der DNA in die Zelle
• Kontraselektion gegen das Vorkommen von Erkennungssequenzen im Phagengenom
• Strangorientierung nichtsymmetrischer Erkennungssequenzen
• Abbau von Kofaktoren für Restriktasen

<u>Was sind Prionen und wie kommt es zur Entstehung der Krankheiten (BSE, CJD, nvCJD)?</u>

• Prionen
○ proteinartige infektiöse Partikel
○ Verursacher tödlich verlaufender Hirnerkrankungen beim Menschen (CJD) und beim Tier (BSE)
○ wirtseigenes Protein, das in einer normalen (PrP^c) und fehlerhaft gefalteten, pathologischen
(PrP^{Sc}) Form vorkommt
○ pathologisches Prion wandelt wahrscheinlich natürlich vorkommendes Protein in infektiöse
Formen um

5

- Wie BSE, CJD und nvCJD entstehen
  - durch Futter
  - durch Nahrungsaufnahme von erkrankten Tieren
  - durch Gen-Mutationen
  - erblich durch Gendefekt
  - Übertragung von Mensch zu Mensch (Transplantationen, verunreinigte Medikamente)
  - Mutation in Prion-Genen

2. Mykologie

<u>Bedeutung der Pilze im Stoffkreislauf der Natur</u>

- Rezirkularisierung von organischem Material (Ab- und Umbau organischen Materials)
  - Umsetzung des Waldabfalls
  - Chitinolytische Pilze (Abbau Chitinpanzer der Insekten)
  - Abbau von Exkrementen der Mikrofauna
  - Keratinophile Pilze

<u>Nutzung von Pilzen</u>

- Kultur von Speisepilzen (z.B. Kulturchampingnons)
- Lebensmittelindustrie
  - Backwaren-, Bier-, Wein- und Spiritusherstellung
  - Verarbeitung tierischer Rohstoffe → Kefir, Käse (Lactobacillusarten, Hefen, Penicilliumarten)
  - Reifung von Fleisch und Rohwurst (Hefen, Penicillumarten)
  - Fischfermentation (Aspergillusarten)
- Produktion organischer Säuren → Citronensäure, Glukonsäure (Aspergillusarten)
- verschiedenste Enzyme
- Vitamine und Aromastoffe
- Antibiotika (Penicillin)
- Wachstumeregulatoren
- Halluzinogene
- Mykotoxine

<u>Morphologie der Pilzzelle</u> (Aufbau Zellwand, Zellkern, Mitochondrien, Plasmide)

- zeigt typischen Aufbau einer eukaryontischen Zelle
- enthält Organellen und wird von einer Zellwand umgeben
- Zytoplasma kompartimentiert (Mitos, ER, Golgi, Microbodies)
- Membranen außen enthalten Ergosterol
- Membranen innen : Komplex
- Zellwand: Chitin, Mannane, Glukan-Mannan-Protein-Komplexe, Glukan, Glykoproteinnetz
- Zellkern: enthält Chromosomen, durch Kernmembran abgeschlossen, Kernporen, eukaryotischer Kern, Kernmembran wird während Mitose und Meiose nicht aufgelöst, Kerne der meisten Pilze enthalten haploiden Chromosomensatz, filamentöse Pilze meist mehrkernig, Nucleus associated organelle, Nucleolus: Synthese der rRNA
- Mitochondrien: können große Mengen an DNA enthalten im US zu Bakterien
- Plasmide: Hauptorte: Mitochondrien und Kern , = extrachromosomale DNA, nicht die Bedeutung wie bei Bakterien für Resistenzentwicklung

Reproduktionsformen der Pilze

•asexuelle Vermehrung
○ Bildung von Sporen aus vegetativen Zellen ohne sexuelle Differenzierung und meiotische Reduktionsteilung
•sexuelle Vermehrung
○ Bildung von sexuell differenzierten Zellen (Gameten)
○ Fusion von Gameten
○ Meiose vor der Sporenbildung
○ 4 Etappen: Gametenbildung; Plasmogamie; Karyogamie; Meiose, Sporenbildung
•parasexuelle Vermehrung
○ Fusion sexuell nicht differenzierter vegetativer Zellen
○ Haploidisierung
○ Sporenbildung ohne vorangehende Meiose

wichtige Sporentypen

•Sporangiosporen   (Planosporen = Zoosporen)
•Konidiosporen   (Aplanosporen)
•Oidiosporen   (Aplanosporen)
•Chlamydosporen   (Aplanosporen)

Lebenszyklen – Typen

•asexueller Lebenszyklus
○ keine sexuelle Reproduktion – fungi imperfecti
•haploider L.
○ Meiose erfolgt sofort nach Kernfusion
○ diploider Kern nur sehr kurzzeitig vorhanden
○ viele Phycomyceten und Ascomyceten
•haploid dikaryotischer L.
○ haploide Kerne liegen nebeneinander in der Zelle vor (Dikaryon)
○ Ascomyceten, Basidiomyceten
•haploid-diploider L.
○ haploider und diploider L. lösen sich regelmäßig ab
○ aquatische Pilze
•diploider L.
○ haploide Phase nur bei Gameten oder während Gametenbildung vorhanden

Taxonomie der Pilze

•echte Schleimpilze = Myxomycetes
○ bilden Masse aus mehreren Zellkernen und pflanzen sich sexuell fort
○ bilden amöboid bewegliche, vielkernige Protoplasmamassen
•niedere Pilze = Phycomycetes

○ einkernige Zellen oder vielkernige Thalli   und Ausbildung von Zoosporen
• höhere Pilze = Eumycetes
○ Schlauchpilze (Ascomycetes; Ascus = Schlauch)
▪ charakterisiert durch schlauchförmiges Sporangium   und umfangreichste Klasse der Pilze
▪ Hakenbildung
▪ Sporen reifen in Schläuchen
○ Ständerpilze (Basidiomycetes)
▪ Karyogamie und anschließende Meiose laufen im als Basidie (= Ständer) bezeichneten Meiosporangium ab
▪ Schnallenbildung
▪ Sporen reifen auf Ständern in der Fruchtschicht (im Sporenkörper)
○ Fungi imperfecti (Deuteromycetes)

3. Gärung

<u>Was ist Gärung</u>

- Form des Energiestoffwechsels, die eingeschlagen wird, wenn kein externer Elektronenakzeptor für die Qxidation des organischen Substrats zur Verfügung steht
- Gärungen finden in der Abwesenheit von Sauerstoff statt
- Energiekonservierung i. F. v. ATP ist meist an die Oxidation eines Substrats gekoppelt
- Energiekonservierung erfolgt unter Bildung einer energiereichen Zwischenverbindung durch Substratkettenphosphorylierung   (oxidativer Teil)
- freigesetzte Reduktionsäquivalente werden auf oxidierte Zwischenverbindung oder zweites Substrat übertragen   (reduktiver Teil)
- entstehende reduzierte Verbindungen sind charakteristische Gärprodukte, nach denen Gärungen benannt sind (Milchsäure, Ethanol, organische Säuren)
- lt. Vorlesung:
  ○ ATP regenerierende Stoffwechselreaktion (neben Photosynthese, Atmung) beim Umsatz von organischem Substrat unter Sauerstoffmangel oder Ausschluss:
  ▪ Spaltprodukte des org. Materials sind zugleich H-Donatoren und Akkzeptoren
  ▪ Phosphorylierung von ADP durch Oxidationen
  (Dehydrierungen – Übertragung von H auf NAD)
  ▪ mögliche Endprodukte bei der Vergärung von Kohlehydraten, die ausgeschieden werden: Ethanol, Lactat, n-Butanol, Aceton, 2-Propanol, CO_2, H_2)

<u>Wesentliche Schritte der alkoholischen Gärung (bakterielle und pilzliche G.)</u>

- Glucose wird über Glykolyse und anschließend über zwei Enzyme (Pyruvatdecarboxylase und Alkoholdehydrogenase) zu je zwei Molekülen Ethanol und CO_2 umgesetzt
- Endprodukt der alkoholischen Gärung = Ethanol
- Energieausbeute: 2 ATP/Glucose
- Nebenprodukte: Methanol, Fuselöle, Glycerin, Acetaldehyd, organische Säuren, Amine, Ester, Acetoin
- Schritte:
  ○ Hefen (=Pilze, z.B. Saccharomyces) oxidieren Glucose über Glykolyse zu 2 Pyruvat
  ○ dabei werden pro Glucose 2 ATP gebildet und 2 NAD^+ zu NADH reduziert
  ○ Ethanol wird in 2 enzymatischen Schritten zu aus Pyruvat gebildet:
  ▪ zwei Moleküle Pyruvat werden durch Pyruvatdecarboxylase zu Acetaldehyd decarboxyliert
  ▪ zwei Moleküle Acetaldehyd werden durch Alkoholdehydrogenase zu zwei Molekülen Ethanol reduziert
- Bakterien, die Ethanol als Gärprodukt bilden tun dies auf Grundlage eines anderen Stoffwechselweges
  ○ Zymomonas mobilis
  ▪ Agavenschnaps (Pulque)
  ▪ Unterschied zu Hefegärung: Glykolyse läuft bis zum Pyruvat über KDPG (2Keto-3desoxy-

6Phosphogluconat) Weg ab
- folgende 2 enzymatische Schritte sind identisch zur Hefegärung
- Ausbeute: nur 1 ATP pro Glucose
○ Sarcina ventriculi
- wie Hefe über Fructosebiphosphatweg
○ Enterobacterien, Clostridien
- durch Glykolyse gebildetes Pyruvat wird nicht direkt zu Acetaldehyd decarboxyliert
- stattdessen wird Pyruvat weiter zu Acetyl-CoA oxidiert, das dann über Acetaldehyd zu Ethanol reduziert wird

<u>Rolle der Mikroorganismen bei der Herstellung alkoholischer Gärprodukte (Bier, Wein)</u>

- Crabtree-Effekt = „Glucose-Effekt"
○ beschreibt im Katabolismus der Backhefe/Bierhefe (*Saccharomyces cerevisiae*) den Effekt, dass bei Vorliegen von höheren Glucose-Konzentrationen auch unter Anwesenheit von Sauerstoff, d.h. unter aeroben Bedingungen, Ethanol gebildet wird
- Pasteur-Effekt
○ Pasteur entdeckte, dass Hefen unter anoxischen Bedingungen Zucker wesentlich schneller umsetzen als in aeroben Kulturen, obwohl die Wachstumsraten ähnlich waren
○ = Unterdrückung des Gärungsstoffwechsels durch Belüftung bzw. Unterdrückung der Gärung durch Sauerstoff zugunsten der Atmung
○ ATP-Gewinn: Gärung 2 ATP / Atmung 38 ATP
○ Ursachen:
- Konkurrenz zw. Glykolyse und Atmungskettenphosphorylierung um ADP und P_i
- Allosterische Hemmung der Phosphofructokinase
○ Auswirkungen auf Substratverbrauch und Wachstum:
- Gärung: hoher Glucoseumsatz, langsames Wachstum
- Atmung: geringer Glucoseumsatz, schnelles Wachstum
- Biergärung
○ Bier = Gärprodukt aus kohlehydrathaltigen Rohstoffen wie Gerste, Weizen oder Zucker und Hopfen, Wasser unter Zusatz von Hefe
○ Malzherstellung → Malz wird mit H_2O zu Maische aufgeschlämmt → bei 40-60° C gerührt → bis Amylase d. Gerste die Stärke zu Maltose umgesetzt hat → Läutern (Abfiltern) unlösl. Bestandteile → Erhalt zuckerhaltiger Würze → wird zusammen mit Hopfen gekocht → abgekühlte Hefe wird zusammen mit zugesetzter Hefe vergoren → einige Wochen Lagerung bei tiefen Temperaturen (am Ende der Gärung: unter- oder obergärige Biere)
○ untergärige Biere:
- Saccharomyces cerevisiae - setzen sich durch Agglutination am Boden ab
- Temperaturoptimum zw. 5-10° C
- z.B. Pilsner
○ obergärige Biere
- Saccharomyces cerevisiae – agglutinieren nicht, sondern bleiben einzellig, schwimmen an der Oberfläche
- Temperaturoptimum zw. 15-25° C

▪ z.B. Kölsch, Porter

○ Bierschädlinge: Fremdhefen (S. cerevisiae-Stämme, S. pateurianus, S. bayanus), Milchsäurebakterien (L. brevis, L. casei, L. plantarum → Ansäuerung, Trübung), Enterobateriaceae, Mikrokokken (Micrococcus kristinae → intensives, fruchtiges Fremdaroma), Pectinatusarten, Megasphaeraarten

● Weingärung

○ Weinhefen:

▪ starkgärend: Saccharomyces

▪ schwach gärend: Kloeckera apiculata, Tprulosis stellata

▪ kaum an Gärung beteiligt: Metchnikowa pulcherrima

○ Besiedlung der Traube:

▪ Fremdhefen → bilden nur 3-5% Alkohol, aber größere Mengen flüchtiger Säuren

▪ Bakterien → Milchsäurebakterien: Säureabbau bei der Nachgärung

▪ Schimmelpilze → besonders in kalten Jahreszeiten und auf stark verletzten Trauben

○ Ablauf:

▪ Gärgefäße mit Gärverschlüssen

▪ nur zu 70-75% gefüllt

▪ Spontangärung

▪ Zusatz von Starterkulturen (Reinzuchthefen)

▪ Gärungsverlauf bei Spontangärung mit nicht geschwefelten Mosten: 1. Phase: starke Vermehrung der Mikroorg., wobei schwach gärende Hefen überwiegen → Hautgärung: nach 1-2 Tagen, klingt nach 3-4 Tagen ab → Nachgärung: Hefen sedimentieren, Milchsäurebakterien können Wein verderben, Abbau der Äpfelsäure zu Milchsäure und CO_2

Milchsäuregärung

● Spaltung von Lactose zu Glucose und Galactose durch Galactosidase

● Milchsäurebakterien

○ Bakterien, die versch. Zucker zu Milchsäure als Hauptprodukt vergären

○ grampositiv, aerotolerant

○ morphologisch sehr uneinheitlich (Stäbchenförmig: Lactobacillus; Kokkenförmig: Streptococcus; Y- oder V-förmig: Bifidobakterium; Sporenbildner: Sporolactobacillus)

○ Vorkommen: lebendes und totes pflanzliches Material, Darm und Schleimhäute von Mensch und Tier

○ benötigen Vitamine und Aminosäuren vom Wirt

○ homo- und heterofermentative Milchsäurebildung

○ homofermentativ: Thermobakterium (Lactobacillus acidophilus) Streptobakterium (L. casei, L. sake)

○ heterofermentativ: Betabacterium

○ heterofermentativ Sonderformen: (L. brevis, Bifidobacterium brevis)

● Milchsäuregärung

○ homofermenative:

▪ aus Glucose und anderen C_6-Zuckern wird reines Lactat produziert

▪ Pyruvat als Endprodukt der Glycolyse wird durch Lactatdehydrogenase vollständig zu Lactat

reduziert
- Energieausbeute: 2 ATP pro Glucose
  o heterofermenative:
- Zuckerstoffwechsel verläuft nicht über Glycolyse
- Verwertung von Pentosen und Glucose
- Endprodukte: Lactat, Ethanol und CO_2
- Energieausbeute: 1 ATP pro Glucose, aber 2 ATP pro Pentose
- Bedeutung der Milchsäurebakterien für LMindustrie
  o Milchprodukte: Milchsäurebakterien als Säure- und Geschmacksstoffbildner
  o Käse: Dicklegung der Milch durch Ansäuerung durch Milchsäuregärung
                        (z.B. bei Quark od. Sauermilchkäseherstellung); Frischkäsc kann
            zur weiteren Reifung inkubiert werden, wobei weitere
            Mikroorganismen (Proprionsäurebakt., Hefen, Schimmelpilze)
            beteiligt sind
  o Brot: Sauerteiggärung zur Steigerung der Quellfähigkeit der
                        Polysaccharide des Roggenmehls ; Milchsäurebakterien bilden
            zusammen mit Hefen die Flora des Sauerteigs; Sauerteig ist als
            Trieb- und Quellungsmittel beim Backen von Roggenteig nötig;
            Sauerteiggärung bewirkt Ausprägung vieler Geschmacksstoffe des
            Brotes
  o Fleischherstellung: Rohwurst wird durch Milchsäuregärung haltbar gemacht;
                        Pökelung: Konservierung von Fleisch- und Wurstwaren mit Hilfe
            von Nitritpökelsalz; Während des Pökelvorgangs kommt es durch
            Einsatz des Nitrats bzw. Nitrits zur sogenannten Umrötung, d. h.   das
Fleisch bekommt eine leuchtend rote Färbung → Nitrit   verbindet sich mit
dem Muskelfarbstoff zu Nitrosomyoglobin;   Funktion: Konservierung,
Pökelaroma, verhindert Wachstum v.   Mikroorganismen

<u>Propionsäuregärung</u>

- Gärungstypen bei denen Proprionsäure gebildet wird, findet man bei den Propionibakterien, einigen Clostridienverwandten und einigen weiteren anaeroben Bakterien
- Substrate der Propionsäuregärung sind diverse Zucker, einige Aminosäuren oder auch Gärprodukte anderer Bakterien wie Lactat, Succinat oder Glycerin
- wichtigste Vertreter: Propionibacterium (Verwendung zur Herstellung von Käse)
  o P. freudenreichii
  o P. acidipropionici
  o P. acnes
- Vorkommen von P.:
  o im Pansen und Darm von Wiederkäuern
- Bildungswege der Propionsäure:
  o Methylmalonyl-CoA-Weg (meiste Propionib.)
- Lactat → Pyruvat → Oxalacetat → Malat → Fumarat → Succinat → Succinyl-CoA → Methylmalonyl-CoA → Propionyl-CoA → Propionat (= Propionsäure)
  o Acryloyl-CoA-Weg (Clostridium propionicum)

- Lactat wird aktiviert zu → Lactyl-CoA → Acryloyl-CoA → Propionyl-CoA (aktiviert wiederum Lactat) → Propionat

<u>Ameisensäuregärung/Enterobacteriaceae</u>

- Gärprodukt ist Ameisensäure (Formiat)
- gemischte Säuregärung (E. coli) vs. Butandiolgärung (Enterobakter)
- gemischte Säuregärung
  ○ Glucose → Gemisch von verschiedenen Gärprodukten: Ameisensäure, Essigsäure, Bernsteinsäure, Milchsäure, Ethanol, Glycerin, Kohlendioxid, Wasserstoff
  ○ kein Acetoin
- Butandiolgärung
  ○ Glucose → Acetoin und 2,3-Butandiol sowie andere Säuren (in geringer Menge)
- Ameisensäuregärung typisch für die Familie der Enterobacteriaceae (= gramnegative, peritrich begeißelte Stäbchen; fakultativ anaerob, Energiegewinnung durch Atmung oder Gärung; enthalten Hämenzyme – Cytochrome und Katalase)
- wichtige Vertreter:
  ○ Escherichia coli
  - Darmbakterien
  - umfasst 5 Arten (E.coli, E. vulneris, E. hermanii, E. adecarboxylata, E. blattae)
  - im klinischen Material häufigster Vertreter der Enterobacericeae
  - Adhärenz- und Invasivitätsfaktoren: Fimbrien, Hüllantigene, Membranproteine
  - Pathogenitätsfaktoren: Exotoxine, Hämolysine, Zytotoxine, Enterotoxine
  - Erkrankungen: Wundinfektion, Peritonitis, Meningitis, Diarrhoe, Lungenentzünd.
  - Diarrhoe verursachende E. coli-Stämme:
- EIEC (Enteroinvasiver) → dringen in Dünndarmschleimhautzellen ein und töten sie ab; Ruhrähnliche Druchfälle; überwieg. unbeweglich, nicht gasbildend; Fimbrien für die Anheftung wichtig
- ETEC (Enterotoxinbildende) → weniger starke Invasion in Dünndarmzellen; bilden hitzelabile (bestehen aus AB-Toxinen) und/oder hitzestabile (plasmidcodiert) Enterotoxine; wässrige Durchfälle, niedriges Fieber, Übelkeit, choleraähnliche Symptomatik; plasmidcodierte Fimrienbildung Voraussetzung für die Anheftung
- EPEC (Enteropathogene) → nichtinvasiv; Adhärenz in 2 Stufen (1. plasmidcodiertes Adhäsin der Fimbrien, 2. Stadium chromosomal codiert); 2 Zytotoxine können vorkommen; Gewebsschädigung; zerstören Mikrovilli des Dünndarmbürstensaums (Säuglingsenteritis)
- EHEC (Enterohämorrhagische) → plasmidcodierte Anheftungsfaktoren; Exotoxine; hämorrhagische Colitis; hämolytisch-urämisches Syndrom (akutes Nierenversagen, Anämie)
  ○ Proteus vulgaris
  - Darmbewohner, auch im Boden und Gewässern
  - Morphologieänderung
  ○ Enterobacter aerogenes
  - im Boden
  - ähnlich E. coli
  - starke Gasbildung
  ○ Serratia marcescens

- rot gefärbt
- ähnlich Enterobacter
○ Erwinia spec.
- Pflanzenpathogene Arten
- Sekretion von Pectinase - Weichfäule
○ Klebsiella pneumonia
- Erreger von Pneumonie
- unbeweglich
- Bildung von Schleimkapseln
○ Salmonellen
- peritrich begeißelt, Lactose- und hitzeempfindlich, wachsen nicht in stark sauren Medien, Wachstumsoptimum 37° C
- taxonomisch in eine Art zusammengefasst: Salmonella enterica
- 6 Subgenera auf Grund biochemischer Unterschiede, Unterscheidung der Arten auf Grund serologischer Unterschiede (O-Antigene – Polysaccharide der ZW; H-Antigene – Proteine der Geißeln, Vi-Antigene - Kapselantigene)
- Differenzierung der Arten nach
- Serotyp (Kauffmann-White-Schema)
- Lysotyp (Phagentypisierung)
- Bacteriocinempfindlichkeit
- Plasmidmuster
- 2 pathogene Hauptgruppen:
- Enteritis erregende S. (Bsp.: S. enteritis; Infektionsquellen: kontaminierte Nahrungsmittel - Geflügel, Schweine, Eier, Gemüse; Sympt.: wässrige Durchfälle; Toxi-Infektion-Endotoxin; Therapie: Elektrolyt- und Flüssigeitszufuhr)
- Typhus-Paratyphus-Gruppe (Bsp.: S. typhi; Infektionsquelle: Mensch; Krankheitsbild: Infektion über Dünndarm in Lymphsystem, dort 14 Tage Vermehrung, Einbruch in Blutbahn (Fieberanstieg), 1-2 Wochen akute Erkrankung, Befall von Organen; Therapie: AB)
- Nachweis und Differenzierung v. S.:
- nichtselektive Voranreicherung – Peptonwasser
- selektiv-Nährmedien
- biochemische, physiologische Untersuchungen
- serologische Diff. auf Basis der Oberflächen-Antigene (Kauffmann-White)
- ELISA– Latex-Agglutinations-Test
- Phagentypisierung – Nutzung wirtsspezifischer Phagen
- genetische und molekulare Methoden – Plasmidprofile, DNA/DNA-Hybridisierungen
○ Shigella
- Ruhrerreger
- 4 Arten (S. dysenteriae, S. flexneri, S. boydii, S. sonnei)
- unbeweglich, langsame Lactosevergärung, keine Gasbildung bei Fermentation von KH (wenig Säure)
- Infektionsquelle: Mensch
- Symptome: hohe Invasivität, nach Aufnahme Eindringen in Dickdarmschleimhaut – lokale Infektionen, nach 2-7 Tagen Inkubation Häufung von Durchfällen, blutiger Stuhl, Krämpfe, Kreislaufkollaps, Peritonitis, toxische Effekte auf Nervensystem, Herz, Kreislauf durch Endo- und

Exotoxin
- Diagnostik: Nachweis im Stuhl
- Therapie: AB
  ○ Vibrionaceae
- fakultativ anaerobe, leicht gebogene Stäbchen, gramnegativ, 1 oder mehrere polare Geißeln
- in Küsten- und Oberflächengewässern
- Gattungen: Vibrio, Aeromonas, Plesiomonas
- pathogene Arten:
- Vibrio cholerae , V. Eltor
  ○ Choleraerreger
  ○ monotrich begeißelt, bevorzugt alkal
  ○ Infektionsweg: menschlicher Darm-Wasser-Lebensmittel (Gemüse, Meerestiere)
  ○ keine Vermehrung im Lebensmittel
  ○ Krankheitsbild: meiste Bakterien durch HCL abgetötet, bei Aufnahme mit LM wesentlich
niedrige Dosis ausreichend, Enterotoxin: Brechdurchfall, Wasser- und Elektrolytverlust, Kollaps
  ○ Diagnose: kultureller Nachweis
  ○ Prävention: aktive Impfung, verbesserte Hygiene und Trinkwasseraufbereitung
  ○ Yersinia
- 3 humanpathogene Arten:
- Y. pestis (unbeweglich; Optimum 30°; Pesterreger; systemische Allgemeininfektion;
Infektionsquelle: primärer Wirt-Nagetiere; Überträger: sekundärer Wirt-Rattenfloh)
- Y. enterolitica (Vorkommen: Tiere und Lebensmittel; Optimum: 22-28° C; Enterokolitis,
Lymphadenitis; Pseudoappendizitis, reaktive Arthritis; Nachweis: Anzucht; Therapie: meist
gutartiger Verlauf, AB bei generalisiertem Verlauf)
- Y. pseudotuberculosis (Vorkommen: Tiere und Lebensmittel; Optimum: 22-28° C; Enterokolitis,
Lymphadenitis; Pseudoappendizitis, reaktive Arthritis; Nachweis: Anzucht; Therapie: meist
gutartiger Verlauf, AB bei generalisiertem Verlauf)

<u>Buttersäure-Butanol-Gärung/Clostridien</u>

- Buttersäure-Butanol-Gärung
  ○ ist typischer Gärungstyp grampositiver anaerober Endosporenbildner
  ○ diese Bakterien werden unter dem Gattungsnamen Clostridium zusammengefasst
- kohlehydratvergärende (saccharolytische) → verwerten Polysaccharide od. Zucker
- aminosäurevergerende (peptolytische) → verwerten Proteine, Peptide, AS
  ○ Gärprodukte anaerober Sporenbildner (Clostridien): Buttersäure, n-Butanol, Aceton, 2-Propanol,
andere Alkohole und organische Säuren
  ○ Charakteristika der Gattung Clostridium (Fam. Bacillaceae): grampositiv; peritrich begeißelte
Stäbchen; ovale bis kugelförmige hitzeresistente Endosporen; strikt anaerobe Arten: C. Botulinum,
C. Pasteurianum, C. Kluyveri; aerotolerante Arten: C. Histolyticum, C. Acetobutylinum; meist
keine Hämenzyme; Stärke oder Stärkederivate als Speicherstoffe, mesophile und thermophile Arten,
kein Wachstum im sauren pH Bereich; verschiedene Arten können Stickstoff fixieren und als
einzige N-Quelle nutzen (C. Pasteurianum); einige Arten bilden Toxine
  ○ Clostridien nach Gäreigenschaften:
- Buttersäurebildung (C. Butylicum, C. Pasteurianum)

- Butanolbildung (C. Butylicum)
- Propionsäurebildung (C. Propionicum)
- Capronsäurebildung (C. Kluyvari)
- Durchführung der Stickland-Reaktion (C. Sticklandii)
- vorliegen spezieller Stoffwechselwege (C. Aceticum)
  ○ Exotoxin produzierende, Endosporen bildende Clostridien: C. Botulinum, C. Perfringens (im Erdboden und in LM), C. Tetani (im Erdboden)
- Botulismus
  ○ Erreger: C. Botulinum: gerade bis leicht gebogenes, bewegliches Stäbchen; im Erdboden, Sedimenten vorkommend; produzieren in tierischen und pflanzlichen LM Exotoxine
  ○ C. botulinum → 4 verschiedene Gruppen (proteolytische Stämme; nicht-proteolytische Stämme; Toxine C_2, C_2, D;Toxintyp G)
  ○ Infektion: Sporen, die über Verunreinigungen in LM gelangen, dort unter anaeroben Bedingungen auskeimen und die Bakterien Toxine produzieren; Bekannt sind jedoch auch Fälle, in denen vor allem Säuglinge mit Honig Sporen des Botulinumbakteriums aufgenommen haben, die erst im Darm aktiviert wurden, sich dort vermehrten und dadurch zu einer Vergiftung führten
  ○ = Vergiftung
  ○ Symptome: Blockade der Signalübertragung zwischen Nerven und Muskeln. Die Ausschüttung von Acetylcholin wird gehemmt. Zuerst sind meist die Augenmuskeln betroffen, später sind Lippen-, Zungen-, Gaumen- und Kehlkopfmuskel betroffen, es kommt zu starker Mundtrockenheit (dadurch Durst), Sprech- und Schluckstörungen. In schweren Fällen breitet sich die Lähmung vom Kopf absteigend auf die Muskulatur der inneren Organe aus, es kommt zu Erbrechen, Durchfall, später Verstopfung und Bauchkrämpfen bis hin zum Tod durch Ersticken oder Herzstillstand → Erschlaffung der Muskeln
- Tetanus
  ○ Erreger: Clostridium tetani
  ○ C. tetani produziert Neurotoxin Tetanospasmin → bindet im Rückenmark an die Enden der inhibitorischen Interneurone und verhindert die Freisetzung inhibitorischer Neurotransmitter (Glycin) → permanente Freisetzung von Ach → spastische Muskellähmung → dauerhafte Muskelkontraktion
  ○ Infektion: Eindringen der Sporen in Wunden, unter anaeroben Bedingungen vermehrt sich das Bakterium und sondert Toxine ab

<u>Was sind bakterielle Endosporenbildner</u>

- einige grampositive Bakterien bilden als Reaktion auf einen Hungerzustand Endosporen
- ein Mangel an Guaninnukleotiden im Zytoplasma löst dabei eine ungleiche Zweiteilung des Protoplasten innerhalb der Zellwand und einen anschließenden Endozytose-ähnlichen Prozess aus, der die Spore bildet
- im Gegensatz zu den meisten anderen Sporen handelt es sich bei Endosporen überwiegend nicht um Vermehrungsformen, da jede Zelle in der Regel nur eine Endospore bildet und bei deren Freisetzung zugrunde geht
- bekannte Endosporenbildner sind viele Arten der Gattungen *Bacillus* und *Clostridium*, insbesondere *Bacillus anthracis* (Milzbrand), *Clostridium botulinum* (Botulismus) und *Clostridium tetani* (Tetanus)

4. Antibiotika

<u>Was ist Sekundärmetabolismus und wie grenzt er sich von Primärmetabolismus ab?</u>

•Stoffwechselvorgänge, bei denen speciesspezifische Substanzen gebildet werden, die im Gegensatz zu den Produkten des Primärstoffwechsels nicht am Energie- und Baustoffwechsel der Zelle beteiligt sind und nicht für die Aufrechterhaltung der Lebensfunktionen der Zelle benötigt werden
•Sekundärmetabolite werden in spezialisierten Zellen oder Organen von Mikroorganismen, Pflanzen oder Tieren unter spezifischen Bedingungen gebildet
•Sekundärmetabolite scheinen nicht essentiell für Wachstum und Vermehrung zu sein
•Bakterien und Pilze produzieren eine Fülle von Stoffen, die als Sekundärmetabolite bezeichnet werden → viele dieser Stoffe spielen als Therapeutika und Futtermittelzusätze eine große Rolle
•Sekundärmetabolismus
○ Wachstumssubstrat wird verbraucht → Zellen und Primärmetabolite werden gebildet → Zellen wandeln Primärmetabolite zu Sekundärmetaboliten um
○ oder Wachstumssubstrat wird verbraucht → Zellen und Primärmetabolite werden gebildet → zusätzliches Wachstumssubstrat wird umgewandelt in Sekundärmetabolit
•Primärmetabolismus
○ Wachstumssubstrat wird verbraucht → Zellen und Primärmetabolite werden gebildet

<u>Was sind Antibiotika</u>

•Substanzen biologischer Herkunft, die schon in geringen Konzentrationen das Wachstum von Mikroorganismen hemmen
•hemmend wirkende AB (Bakteriostatika, Fungistatika)
•abtötende AB (Bakterizide, Fungizide)
•AB werden auf speziellen Synthesewegen hergestellt, die man dem Sekundärmetabolismus zuordnet
•sind Sekundärmetabolite, die von Mikroorganismen gebildet werden und gegen andere Mikroorganismen wirksam sind

<u>Mikrobielle Produzenten von Antibiotika</u>

•Streptomyceten   → an erster Stelle bezüglich der chem. Vielfalt der produzierten
              Verbindungen
•Pilze (Aspergillales)
•Actinomyceten

<u>Wichtigste Klassen von Antibiotika</u>

•ß-Lactamantibiotika
○ Penicillin
○ Cephalosporin
○ Derivate: Carbapenem, Clavulanat

•Benzylpenicillin
•Phenoxymethylpenicillin
•Ampicillin
•Carbenicillin
•Streptomycin, Tetracycline, Cephalosporine

<u>Wie wirkt Penicillin</u>

•wirkt auf Zellwand, v.a. von grampositiven Zellen
•Inhibitor von Bakterienenzym Transpeptidase
•Transpeptidase regelt die Quervernetzung der Polysaccharidketten des Mureins
•Penicillin blockiert das aktive Zentrum der Transpeptidase und verhindert so die Fertigstellung der Zellwand → damit wirkt es nur auf wachsende Bakterien

<u>Was sind Actinomyceten</u>

•kommen vor allem im Boden und wässrigen Habitaten vor
•filamentöse Actinomyceten bilden Luftmycel, an dessen Enden sich die Filamente zu Sporen differenzieren
•Bakterien

5. Regulation des Stoffwechsels

- Fähigkeit der Regulation des Stoffwechsels, der Homöostase und der Zellzusammensetzung ist wichtige Voraussetzung für Überleben und optimales Wachstum
- viele Bakterien besitzen vielseitigen Stoffwechsel
- fakultativ anaerobe B. Können durch aerobe Respiration, abaerobe Repiration oder Gärung Energie für das Wachstum gewinnen und stellen sich so auf das Sauerstoff- und Nährstoffangebot ein
- Bakterien registrieren diese Parameter und adaptieren an neue Bedingungen
- Dazu ist aufwendige Ausstattung an sensorischen und regulatorischen Proteinen notwendig
- viele Enzyme des Bau- und Energiestoffwechsels werden nur bei Bedarf gebildet
- nur wenige Gene werden nicht über Expression reguliert, wie z.B. Gene der Glykolyse
- viele Bakterien wie E. coli besitzen mehrere hundert Gene, deren Produkte regulatorische und sensorische Fkt. haben
- Transkriptions- u. Translationskontrolle werden u.a. zur Steuerung der Genfunktionen eingesetzt
- um Aktivität v. Genen und Proteinen zu regulieren, wird DNA Struktur durch Rekombination oder chemische Modifikation verändert, regulatorische mRNA synthestisiert und Proteine gezielt abgebaut

Transkriptionelle Regulation (positive und negative Regulationssysteme)

- Transkriptionskontrolle = wichtigste Form der Expressionskontrolle zur Anpassung an Umweltbedingungen und Substratangebot
- Umweltfaktoren regulieren oft bereits auf Transkriptionsebene, weil dadurch grundlegende Änderung des Stoffwechsels erreicht wird
- erste neu synthetisierte Enzyme sind u.U. Bereits nach wenigen min nachweisbar
- Etablierung des neuen Stoffwechselweges dauert wesentlich länger, da große Mengen an Enzym gebildet werden müssen
- alte Enzyme werden abgebaut oder bei Zellvermehrung ausgedünnt
- Regulation der Transkription durch DNA-bindende Proteine
  - Initiation der Transkription umfasst Bindung der RNA-Polymerase an Promotor, Bildung des offenen Transkriptionskomplexes und Freisetzen des Promotors
  - Transkriptionskontrolle setzt setzt dort an
  - Wechselwirkung der RNA-Polymerase kann durch DNA bindende Proteine verstärkt oder geschwächt werden
  - viele bakterielle DNS-bindende Proteine besitzen eine sequenzspezifische DNS-Bindedomäne mit einem Helix-Turn-Helix-Motiv
  - beide Monomere binden mit der großen Helix des HTH-Motivs sequenzspezifisch an 2 aufeinanderfolgende Furchen der DNA
- negative Regulation durch Repressorproteine
  - Repressorprotein am Promotor verhindert Transkription des Operons
  - 2 Fälle lassen sich unterscheiden:
    - Repression
    - Induktion

•positive Regulation durch Aktivatorproteine
○ Genaktivatorprotein am Promotor stimuliert Transkription des Operons

<u>Regulatorische Effekte der Glukose</u>

•+ Glukose (zusätzliche Glukose)
○ Katabolit - Repression
○ Katabolit - Inaktivierung
○ Induktion von Genaktivitäten
•- Glukose (Glukose verbraucht)
○ Derepression von Genaktivitäten
•E. coli:
○ in einer Umgebung mit Glukose und Lactose metabolisiert E. coli Glukose vor Laktose
○ Grund ist katabolite Repression des Lactose Operons
○ Verwertung v. Lactose durch E. coli: Lactose gelangt m.H. v. Lactosepermease in Zelle → dort
spalten ß-Galactosidase + Tranacetylase Lactose zu Galactose + Glucose
○ Lactose Operon and Induction:
▪ Expression prevented: the repressorprotein, coded by the mRNA, binds to the operator and
prevents expression of the structural genes (ß-Galactosidase, Lactosepermease,Transacetylase)
▪ Induction expression: The inducer (lactose) binds to the repressor and inactivates it, allowing gene
expression
○ je mehr Lactosemoleküle, je mehr Enzyme werden gemacht; mehr Lactose, mehr Proteine
•Glukose-Katabolit-Repression in Gram-positiven Bakterien (Bacillus subtilis)
○ nicht abhängig vom cAMP
○ kein CAP-ähnliches Protein bisher gefunden
○ Cis-aktive DNA Sequenzen, die C-Katabolit-Repression vermitteln, wurden bei verschiedenen
Genen nachgewiesen → CREs (catabolite responsive elements)
○ catabolite control protein (CcpA): Transkriptionsregulatorprotein, Helix-turn-Helix DNA-
Bindungsmotif., Wirkungsmechanismus noch unklar
○ Hpr (heat stable protein): Intermediat in der Phosphat-Transfer-Kette des Phosphoenolpyruvat
(PEP) abhängigen Zucker-Transport-Systems (PTS) in B. Subtilis
○ Phosphorylierung am Ser$_{46}$ durch ein ATP-abhängige Kinase, die durch Fruktose-1,6-diphosphat
aktiviert und durch P$_i$ inaktiviert wird
○ P$_i$-aktivierbare Phosphatase dephosphoryliert Hpr (Ser-P)
○ hoher Gehalt an Hpr(Ser-P) bei Verwertung von Glukose, niedriger Gehalt beiAbwesenheit von
Glukose
○ CcpA+HPr(Ser-P) interagieren und verursachen C-Katabolit-Repression

•Glukose-Katabolit-Inaktivierung
○ schnelle Inaktivierung und Abbau von Enzymen (Proteplyse) nach Zusatz von Glukose
○ erfolgt schneller als der normale Abbau, der einer Repression der Enzymsynthese folgen würde
○ Abbau durch Proteolyse für viele Enzyme beschrieben (Enzyme des Glyoxylat-Zyklus,
Transporter verschiedener Zucker)

○ z.B. Fruktose-1,6-bisphosphatase: reversible Phosphorylierung eines Serin-Restes im Protein katalysiert durch cAPK und reguliert durch cAMP sowie Fruktose-1,6-bisphosphat-Menge; irreversible Inaktivierung durch proteolytischen Abbau in der Vakuole → dafür ist wahrscheinlich Synthese eines Import Faktors oder eines vakuolären Rezeptorproteins notwendig, die durch Glukose induziert wird

- Mechanismen der Glukose-Repression in Hefe (Bsp.: Regulation der Galaktoseverwert.)
  ○ 3 Ebenen der Regulation
    ▪ 1. Blockierung der Aufnahme des Induktor-Moleküls:
    ▪ 2. Inhibition der Transkription des Aktivatorproteins
    ▪ 3. Aktivator unabhängige Repression

6. Medizinische Mikrobiologie

<u>Normale Mikroorganismenflora des Menschen</u>

- Haut und Schleimhäute sowie Darm ist von verschiedenen Mikroorganismen besiedelt (Kommensolen)
- resistente Flora: ständig vorhandene Keime; abhängig von der Körperregion, Alter und Körperpflege; Störung erleichtert Ansiedlung pathogener Keime
- transistente Flora: Aufnahme pathogener und nichtpathogener Keime aus der Umgebung; besiedeln nur Stunden oder Tage den Körper; solange resistente Flora nicht gestört wird meist keine Krankheitsgefahr
- Antibiotika, Kortikosteroide, Stoffwechselerkrankungen können Entwicklung der Normalflora stören → Wachstum pathogener Keime
- Haut:
  - meiste Keime oberflächlich (Hornhaut)
  - 20% in tieferen Schichten (von normalen Desinf. mitteln nt. Erreichbar)
- Mundhöhle und oberer Respirationstrakt:
  - Erstbesiedlung der Mundschleimhaut Ngb. Kurz nach Geburt durch vergrünende Streptokokken
  - weitere Besiedlung durch viele andere Keime
  - Speichel enthält etwa 10^8 Keime
  - vergrünende Streptokokken und Anaerobier (Aktinomyceten, Bacteroides) verursachen Plaquebildung an Zähnen, Karies, Parodontitis
- Intestinaltrakt:
  - Magen - normalerweise keimfrei
  - verschluckte Mikroorg. Werden durch HCL im Magen zerstört oder gehemmt (1. Barriere der Infektion)
  - Duodenum: 10^1-10^5 Keime/ml, hemmende Wirkung des Gallensekretes
  - Dünndarm: 10^3-10^7 Keime/ml, Lactobacillen, Enterokokken im oberen Bereich, unterer Bereich des Ileums Besiedlung wir im Dickdarm
- Dickdarm:
  - 10^{10}-10^{12} Keime/ml
  - meist obligate Anaerobier (v.a. Bacteroides, Lactobacillen, Clostridien, anaerobe Streptokokken)
  - 1-4 % Aerobier wie E. coli, Proteus, Klebsiella, Lactobacillen, Enterokokken, Enterobacter, Vibrionen, Pilze (Candida)
  - Stuhl: 10-20 % der Mikroorganismen
- Vagina:
  - kurz nach Geburt: aerobe Lactobacillen
  - einige Wochen nach Geburt bis Pubertät: Kokken und Stäbchen
  - Pubertät bis Menopause: Lactobacillen, Clostridien, anaerobe Streptokokken, aerobe hämolysierende Streptokokken
  - nach Menopause: Mischkultur aus Stäbchen und Kokken

<u>Wichtige Krankheitserreger (Enterobacteriaceae, Salmonella, Camphylobacter/Helicobacter,
Corynebakterium, Mykobacterium, Virusinfektionen)</u>

- Mykobacterium
  - allgemeine Charakteristika: Grampositiv; Säure-Alkohol-fest; pleomorph – verzweigte Filamente,
Stäbchen, Kokken, kein Myzel; langsames Wachstum, geringe Nährstoffansprüche,
Farbstoffbildung wird zur Unterteilung genutzt (keine Farbstoffbildung: M. Tuberculosis, M. Bovis;
Farbstoffbildung bei Lichteinwirkung: M. Kansasii, M. Marinum; Farbstoffbildung im Dunkeln: M.
Gordonae, M. Paraffinicum)
- Mykobacterium tuberculosis
  - Cord-Faktor als Virulenzfaktor
  - verursacht Tuberkulose
  - Nachweis: in Primärisolaten nach 3 Wochen Wachstum erkennbar; rauhe, krümelige, pigmentlose
Kolonien; Niacin - positiv
- Myobakterium bovis
  - Rindertuberkulose
  - 2. wichtiger Erreger der Tuberkulose
  - Nachweis: wächst langsamer als M. Tuberculosis; glatte, flache, pigmentlose Kolonien; Niacin –
negativ
- Mykobacterium leprae
  - Lepraerreger
  - bisher nicht kultivierbar auf künstl. Nährböden
  - Inkubationszeit: 3-5 Jahre
  - Formen der Lepra:
    - Tuberkuloide L.: relativ gutartiger Verlauf; begrenzte Hautläsionen, Nervenbeteiligung und
resultierende Deformationen; schwieriger Erregernachweis
    - Lepromatöse L.: ungehemmte Erregervermehrung; starke Gewebszerstörungen und
Deformationen; Befall sensorischer Nerven
    - Intermediärformen
- Camphylobacter/Helicobacter
  - schraubenförmige Stäbchen
  - gramnegativ
  - polar begeißelt
  - oxidasepositiv
  - microaerophil
  - keine Verwertung von Kohlehydraten
  - Nitratreduktion
- Camphylobacter jejuni
  - Hauptvertreter in LM
  - in Kultur 20 bis 100 % spiralige Formen
  - ältere Zellen kokkoid-blasig
  - Erkrankungen: Enteritis, hämolytische Urämie, Appendizitis, Hepatitis, Pankreatitis
  - Infektiosität: keine Vermehrung in LM; Infektionsdosis sehr unterschiedlich; Virulenz;
Penetration in Epithel von Dünn- und Dickdarm; Vermehrung im Epithel → Läsionen; Eindringen
in Lymphbahn – Phagozytose durch Granulozyten → Zerstörung in Leber; produziert mind. 1

Entero- und 1 Zytotoxin
 o natürl. Vorkommen: Tiere
 o Vorkommen in LM: Milch, Geflügel, Rind, Wasser
 o Nachweis/Kultivierung: Selektivmedien mit AB-Gemisch; Mikroaerophile Atmosphäre
• Helicobacter pylori
 o Camphylobacter sehr ähnlich
 o Bewohner des menschl. Magens
 o Ursache für Magen- und Zwlffingerdarmtumore
 o Säureempfindlich, aber hohe Ureaseaktivität
 o Ansiedlung unter der Magenschleimhaut auf den Epithelzellen
 o durch Toxinausscheidung Zerstötung der Epithelzellen → Gastritis
 o Kultivierung: frische, bluthaltige Medien; Penicillinempfindlich
• Viruserkrankungen:
 o Adenovirus: Pneumonie; Pharyngitis
 o Influenza virus: Influenza, Pneumonie
 o HIV:
 ▪ Das HI-Virus (Human Immunodeficiency Virus) ist ein Retrovirus aus der Familie der Lentiviren
 ▪ man unterscheidet 2 Typen: HIV-1 und HIV-2
 ▪ der Virus wird von einer Membran umhüllt, in der bestimmte Eiweißstoffe verankert sind
 ▪ Diese Eiweiße versetzen den Erreger in die Lage, eine Körperzelle zu befallen
 ▪ gelangt das Virus in den Körper, knüpft es mit den Eiweißmolekülen an seiner Oberfläche an
bestimmte Rezeptoren auf den Zielzellen an
 ▪ Die Zielzellen sind eine bestimmte Gruppe von Immunzellen, die so genannten T-Helferzellen
 ▪ Das HI-Virus kann nur an Zellen „andocken", die auf ihrer Zelloberfläche das CD4-Molekül als
Bindungsstelle aufweisen
 ▪ die Membranen verschmelzen und die Erbinformation des Virus gelangt gemeinsam mit den
Eiweißen des Virus ins Innere der Zelle
 ▪ die RNA wird dann in die viruseigene Erbsubstanz der Zellen, die DNA, umgeschrieben
und dann in das Erbgut der Zellen eingebaut
 ▪ Viren, deren RNA zuerst in DNA umgewandelt werden muss, bevor sie in das Erbgut einer Zelle
integriert werden kann, nennt man Retroviren
 ▪ auf diese Weise kann das Erbgut des Virus in die DNA der Wirtszelle eingebaut werden
 ▪ die Zelle wird dauerhaft infiziert und kann sich des Virus nicht mehr entledigen
• Corynebakterium:
 o Dyphterie
 o Diphterietoxine (Exotoxine) schädigen die Proteinsynthese durch Hemmung → Erreger bilden
speziell ein phagenkodiertes Toxin allerdings nur, falls sie mit einem Bakteriophagen → infiziert
sind → mit dem Blut werden sie auch zu entfernt von der Entzündungsstelle liegenden Organen
transportiert, wie beispielsweise Herz, Leber und Niere
• Enterobacteriaceae
 o Salmonella: Endotoxine; umfangreiche Lysotopiesysteme; Typhus; Paratyphus; Enteritiden
 o Shigella: Endotoxine; Lysotopie; Bakterienruhr
 o Escherichia: Endotoxine; Peritonitis; Appendizitis; Zystitis; Gastroenteritis
 o Proteus
• Lyme-Borreliose:

○ multisystemische Infektionskrankheit
○ durch das Bakterium Borrelia burgdorferi oder verwandte Arten aus der Gruppe der Spirochäten
ausgelöst wird
○ kann jedes Organ befallen, speziell das Nervensystem und die Gelenke
○ Übertragung erfolgt vor allem durch den Holzbock
○ 3 Stadien:
■ 1.: Erythem; lokale Lymphadenopathie
■ 2.: diffuses Erythem; kurze Arthritisanfälle; aseptische Meningitis
■ 3.: Arthritis; chronische Enzephalomyelitis

BEI GRIN MACHT SICH IHR WISSEN BEZAHLT

- Wir veröffentlichen Ihre Hausarbeit, Bachelor- und Masterarbeit

- Ihr eigenes eBook und Buch - weltweit in allen wichtigen Shops

- Verdienen Sie an jedem Verkauf

Jetzt bei www.GRIN.com hochladen und kostenlos publizieren